## Sitzungsberichte der Heidelberger Akademie der Wissenschaften

**Stiftung Heinrich Lanz**

## Mathematisch-naturwissenschaftliche Klasse

*) *Jahrgang 1921 erschien im Verlage von Carl Winters Universitätsbuchhandlung in Heidelberg.*

*Im Verlag von Walter de Gruyter & Co. vormals G. J. Göschen'sche Verlagshandlung — J. Guttentag, Verlagsbuchhandlung — Georg Reimer — Karl J. Trübner — Veit & Comp., Berlin, erschienen:*

**Abteilung A. Mathematisch-physikalische Wissenschaften.**

Jahrg. 1922: 3 Hefte. — Jahrg. 1923: 5 Hefte. — Jahrg. 1924: 11 Hefte

**Abteilung B. Biologische Wissenschaften.**

Jahrgang 1923: 1 Heft.

*Von Jahrgang 1925 ab findet die Trennung in Abteilung A und B nicht mehr statt.*

**Vom Jahrgang 1925 sind 15 Hefte, vom Jahrgang 1926 13 Hefte erschienen. Verzeichnisse auf Wunsch.**

**Jahrgang 1927.** 1. Loewy, Alfred. Neue elementare Begründung und Erweiterung der Galoisschen Theorie. Reichsmark 1.60
2. Liebmann, Heinrich. Rhombische Geradennetze im Raum. Reichsmark 1.—
3. Volk, Otto. Über geodätische Dreiecknetze auf Flächen konstanten Krümmungsmaßes. Reichsmark 1.80
4. Pütter. A. Chemische Reizwirkung und Giftwirkung. Mit einem mathematischen Anhang: Ein Diffusionsproblem von E. Trefftz. Reichsmark 2.40
5. **Rembs, Eduard. Die Verbiegung des verlängerten Rotationsellipsoids. Reichsmark 1.60**
6. Mayer, Adolf. Naturwissenschaftliche Ästhetik. Reichsmark 0.90
7. Mayer, Adolf. Naturwissenschaftliche Volkswirtschaftslehre. Reichsm. 0.80
8. Baer, R., Kapferer, H., Krull, W., Schmidt, F. K. Beiträge zur Algebra. Nr. 5—10. Reichsmark 6.20
9. Müller, Max. Über die Eindeutigkeit der Integrale eines Systems gewöhnlicher Differentialgleichungen und die Konvergenz einer Gattung von Verfahren zur Approximation dieser Integrale. Reichsmark 2.50
10. Freudenberg, Karl. Intramolekulare Umlagerung optisch-aktiver Systeme. Reichsmark 1.—
11. Roeser, Ernst. Abbildung der hyperbolischen Ebene auf die Kugel mittels der Beziehung zwischen Lot und Parallelwinkel. Reichsmark 1.—
12. Rüger, L. Die direkte gebirgsgetreue Übertragung der auf dem Universaldrehtisch gewonnenen Messungsergebnisse gebirgsorientierter Schliffe in das Diagramm. Reichsmark 1.20
13. Jost, L. Elektrische Potentialdifferenzen an der Einzelzelle. Reichsmark 1.90

**Jahrgang 1928.** 1. Rüger, L. Einige Bemerkungen zur Darstellung tektonischer Elemente, insbesondere von Klüften und Harnischen. Reichsm. 1.20
2. Herbst, Curt. Untersuchungen zur Bestimmung des Geschlechts. Ein neuer Weg zur Lösung des Geschlechtsbestimmungsproblems bei Bonellia viridis. Reichsmark 1.50
3. Merton, Hugo. Untersuchungen über die Entstehung amöbenähnlicher Zellen aus absterbenden Infusorien. Reichsmark 2.20
4. Baer, Reinhold. Zur Einordnung der Theorie der Mischgruppen in die Gruppentheorie. Reichsmark 2.20
5. Baer, Reinhold. Über die Zerlegungen einer Mischgruppe nach einer Untermischgruppe. Reichsmark 1.50
6. Roeser, Ernst. Komplementäre Körper der beiden nichteuklidischen Geometrien. Reichsmark 1.—
7. Krull, Wolfgang. Primidealketten in allgemeinen Ringbereichen. Rm. 1.10
8. Salomon, Wilhelm. Geol. Beobachtungen des Leonardo da Vinci. Rm. 0.90
9. Liebmann, Heinrich. Die Sätze von Lie und Gambier über Kurven eines Linienkomplexes. Reichsmark 0.90

*(Fortsetzung siehe 3. Umschlagseite)*

*) Bestellungen auf solche Veröffentlichungen der math.-naturw. Klasse, welche früher im Verlag von Carl Winters Universitätsbuchhandlung in Heidelberg erschienen sind, nimmt auch der Verlag Walter de Gruyter & Co., Berlin, entgegen.

MAX WOLF

GEB. 21. JUNI 1863, GEST. 3. OKTOBER 1932

Sitzungsberichte
der Heidelberger Akademie der Wissenschaften
Mathematisch-naturwissenschaftliche Klasse
Jahrgang 1933. 4. Abhandlung

# MAX WOLF

## 1863 — 1932

*Ein Gedenkblatt*

Berlin und Leipzig 1933
Walter de Gruyter & Co.
vormals G. J. Göschen'sche Verlagshandlung / J. Guttentag, Verlagsbuchhandlung / Georg Reimer / Karl J. Trübner / Veit & Comp.

Archiv-Nr 52 04 33

Druck von Walter de Gruyter & Co., Berlin W 10

Am 26. Juni 1933 versammelten sich, einer Einladung von Rektor, Universität und Studentenschaft Heidelbergs folgend, Vertreter von Staat und Stadt, Freunde und Schüler Max Wolfs um seine Angehörigen zu einer Gedenkfeier in der Alten Aula der Universität.

Dem „Heilig, Heilig, Heilig ist der Herr" aus Schuberts Deutscher Messe folgten Einführungsworte des Prorektors, Professor Dr. Erdmannsdörffer von der Naturwissenschaftlich-Mathematischen Fakultät, der Max Wolf angehört hat.

In vollem harmonischem Zusammenklang damit schloß sich die Gedenkrede von Professor Dr. Kopff (Astronom. Recheninstitut Berlin-Dahlem) an, des langjährigen Mitarbeiters des großen Astronomen, die ein Bild von ihm und seinem Wirken entwarf.

Goethe-Schuberts wundervoller Chor: „Gesang der Geister über den Wassern", wie die Einführung dargeboten vom Städtischen Orchester und dem Heidelberger Liederkranz unter Leitung von Musikdirektor Weidt, beschloß die Feier, die innig und einfach dem Wesen dessen zu entsprechen suchte, dessen Gedenken sie geweiht war.

Hatte er, dessen Vater unter den Begründern des Liederkranz gewesen, doch noch selbst kurz vor seinem Scheiden den Wunsch geäußert, den Gesang der Geister über den Wassern, der ihn bei einer Aufführung tief ergriffen hatte, noch einmal zu hören. Ihm ist es nicht mehr vergönnt gewesen, diesen Klängen noch einmal zu lauschen, aber den Freunden, die sich zu seinem Gedenken vereinigten, rief es, ein Totenopfer, sein Bild vor die Seele.

---

Künftigen Geschlechtern sein Gedächtnis zu bewahren nicht nur in dem gewaltigen Werk, worin er sich selbst den ewigen Denkstein schuf, sondern auch in seiner ganzen großen und gütigen Menschlichkeit, sind die folgenden Blätter bestimmt[1]). Sie enthalten die beiden Ansprachen und eine Reihe von Bildern, für deren Überlassung bezw. Druckerlaubnis an dieser Stelle besonderer Dank zu sagen ist.

Das Eingangsbild, aus späteren Jahren, schmückt auch die Gedenkschrift von Prof. Dr. Kopff (Vierteljahrschrift der Astron. Gesellsch. 68. Jahrg.

Das Bild 2, auf der Privatsternwarte in der Märzgasse mit Blitzlicht aufgenommen, zeigt zwei große Naturforscher in Heidelberg bei gemeinsamer Arbeit, hier über die Zerstäubung der Materie durch ultraviolettes Licht; es sind Max Wolf und Philipp Lenard. Die Aufnahme (Bild 1) gibt ein Ölbild wieder (31.5 : 39 cm), das Wolf ungefähr im 14. Lebensjahre zeigt und das sein Onkel und Pate Max Wolf gemalt hat. Alle übrigen Bilder, ausgenommen die Fliegeraufnahme der Königstuhl-Sternwarte, stammen von Wolf persönlich.

[1]) Zusammengestellt von Prof. M. Trautz, der sie der Heidelberger Akademie der Wissenschaften vorlegte und mit der Schriftleitung betraut ward. Die Reproduktionen des Jugendbildes und dessen von Max Wolf und Ph. Lenard sind auch im Physikal.-Chem. Institut d. Univ. Heidelberg, durch Dr. A. Zündel hergestellt worden.

## Einführungsworte zur Max Wolf Gedenkfeier

am 26. Juni 1933

von Prorektor Prof. Dr. Erdmannsdörffer.

Hochansehnliche Trauerversammlung!

Am 3. Oktober 1932 hat Max Wolf die leuchtenden Augen für immer geschlossen. Mit ihm ist eine Persönlichkeit dahingegangen, die in ganz besonderem Maße mit Heidelberg und seiner Universität verbunden war. Schon in früher Jugend hat er, unterstützt von der verständnisvollen Hilfe seines Vaters, sich seiner Wissenschaft, der Astronomie widmen können. Mit den bescheidensten Mitteln beginnend, hat er es vermocht, die astronomischen Beobachtungsstätten Heidelbergs Schritt für Schritt auszubauen und zu vervollkommnen und durch seine ausgeprägte Beobachtungsgabe, seinen Ideenreichtum und die unermüdliche Hingabe an sein Werk die Königstuhl-Sternwarte zu einer der ersten und angesehensten aller Länder zu machen.

Selbst ein Sohn unserer Stadt — deren Ehrenbürger er wurde — hat er Heidelberg und seiner Universität alle Zeit die Treue gehalten und mehrfache ehrenvolle Berufungen an andere Stellen abgelehnt. Er blieb fest verwurzelt mit der Hochschule, an der er auch die meisten Studienjahre verbracht hatte. Verwurzelt auch in ihren ruhmreichen Traditionen, die auf die Namen Helmholtz, Kirchhoff und Bunsen zurückgingen, stellte er selbst eine Verkörperung besten deutschen Gelehrtentums dar: Die Tat war ihm alles, nichts der Ruhm.

Über 40 Jahre hat er hier geforscht und gelehrt. Die hohen Anforderungen, die er als etwas Selbstverständliches an sich selbst stellte, waren für seine Mitarbeiter ein leuchtendes und anfeuerndes Vorbild, seinen Studenten war er ein meisterhafter Lehrer.

In der engen Berührung mit dem Kosmischen gewann er jene Abgeklärtheit und menschliche Güte, die wir alle an ihm so liebten. Sein Rat war in Universität und Fakultät jederzeit willkommen und hoch geschätzt.

Max Wolf's Arbeit hat seiner Wissenschaft neue Bahnen gewiesen, die durchaus und stets den Stempel seiner ausgeprägten Persönlichkeit trugen, und unendlich fruchtbringend gewirkt haben. So war er auch in der ganzen Welt der Astronomen hoch angesehen und geehrt. Es war für mich ein ergreifendes Erlebnis, bei der Heidelberger Versammlung der Astronomischen Gesellschaft zu sehen, in welch hohem Maße ihm die Liebe und Verehrung seiner Fachgenossen aus allen Teilen der Erde entgegengebracht wurde, ergreifend auch durch die schlichte Bescheidenheit, mit der der große Forscher diese Huldigungen entgegennahm. Auch heute sind viele seiner fernen Freunde und Schüler im Geiste unter uns.

In tiefer Trauer gedenken Universität und Studentenschaft Heidelbergs heute erneut des Mannes, der wie wenige Auserwählte den Namen der Ruperto Carola über die Grenzen unseres Vaterlandes hinaus in alle Welt getragen, und Deutsche Arbeit und Wissenschaft zu Ehren gebracht hat. Sein Werk spielte sich ab in dem bescheidenen Rahmen eines schlichten deutschen Gelehrtenlebens, aber es war ein Leben außergewöhnlicher Art, köstlich in Mühe und Arbeit und reich gesegnet durch Tat und Liebe.

Und so wollen wir in dankbarer Erinnerung an ihn, der unser war, sein Wesen und Wirken in den Worten eines seiner Schüler noch einmal an unserem Geiste vorüberziehen lassen.

# Gedenk-Rede

von

Professor Dr. Kopff.

Zweimal in seinem Leben hat Max Wolf hier in diesen ehrwürdigen Räumen der Universität Heidelberg im Mittelpunkt festlicher Ereignisse gestanden.

Im Juni 1898 begann hier die Eröffnungsfeier der Sternwarte auf dem Königstuhl mit einem Festakt in Gegenwart unseres unvergeßlichen Großherzogs Friedrich I. Wolf hielt hierbei die Festrede über die „Erforschung der Gestalt unseres Universums". Und 30 Jahre später fand hier die Eröffnungssitzung der 28. Versammlung der Astronomischen Gesellschaft statt, bei der Wolf, der sein ganzes Leben lang als treuer Bürger hier gelebt hatte, zum Ehrenbürger der Stadt Heidelberg ernannt wurde.

1898 und 1928 ein Eingang und ein Ausklang. 1898 mit der Eröffnung der neuen Sternwarte freilich kein eigentlicher Anfang; vielmehr der Beginn neuer größerer Leistungen. Ein wesentlicher und sogar der entscheidende Teil von Wolfs Arbeit lag bereits hinter ihm.

Die erste Periode von Wolfs Schaffen ist eng mit der Privatsternwarte in der Märzgasse verbunden. Hier sind mit denkbar einfachen Mitteln Leistungen vollbracht worden, die in der Geschichte der Astronomie immer eine hervorragende Stelle einnehmen werden. Sie stehen am Beginn einer neuen Epoche der astronomischen Forschung.

Vergegenwärtigen wir uns doch einen Augenblick die Probleme, die besonders bei uns in Deutschland im wesentlichen die astronomische Forschung innerhalb des 19. Jahrhunderts beherrschten. Die Newtonsche Mechanik hatte bereits im vorhergehenden Jahrhundert ihre großen Triumphe gefeiert. Es war gelungen, die Bewegungen der Körper des Sonnensystems durch ein einheitliches Naturgesetz im großen darzustellen. Und nun galt es, die Brauchbarkeit dieses Gesetzes bis in die letzten Feinheiten der Bewegungsvorgänge hinein nachzuweisen. Dazu waren für die praktische Rechnung geeignete Methoden auszubauen und anzuwenden, und auf diesem Gebiet liegen die Arbeiten, die GAUSS zu einem ebenso großen Astronomen machen, wie er ein großer Mathematiker war.

Gleichzeitig war es notwendig, die astronomischen Meßmethoden so zu verbessern, daß diese Nachprüfung des NEWTONschen Schweregesetzes an den Bewegungsvorgängen im Kosmos wirklich in aller Schärfe durchgeführt werden konnte. Hier haben GAUSS und BESSEL gemeinsam die auch heute noch gültigen Grundlagen des Beobachtungsverfahrens geschaffen. Das Studium der Bewegungsvorgänge im Sonnensystem durch Beobachtung und Rechnung bildete das zentrale Problem der Astronomie des 19. Jahrhunderts.

Inzwischen waren aber neue Methoden in Physik und Chemie herangebildet worden, die eine ungeahnte Erweiterung des menschlichen Gesichtssinnes bedeuteten: Spektralanalyse und Photographie. Es galt diese Methoden auch für die astronomische Forschung fruchtbar zu machen. Für die Spektralanalyse war dies bereits frühzeitig geschehen. Sie kennen die Gedenktafel am „Riesen" in der Hauptstraße: „In diesem Hause — so heißt es dort — hat KIRCHHOFF 1859 seine mit Bunsen begründete Spektralanalyse auf Sonne und Gestirne gewandt und damit die Chemie des Weltalls erschlossen" [1]).

Die Tafel am Hause Märzgasse 16 (Bild 2) fehlt noch. Sie müßte verkünden, daß wir an einer der Stätten stehen, an der die Himmelsphotographie ihre ersten großen Triumphe gefeiert hat. Die grundlegenden Arbeiten von MAX WOLF fallen in die Jahre 1887—97. Zwar liegt der Beginn der photographischen Aufnahmen von Himmelskörpern schon erheblich früher. 1858 sind die ersten brauchbaren Sonnenaufnahmen erhalten worden. 1850 gelingen bereits gute Mondaufnahmen, 1857 solche der Sterne.

Die Bedeutung der Leistungen WOLFS liegt nicht darin, daß er als einer der ersten Astronomen die photographische Kamera nach dem Himmel gerichtet hat. Er hat vielmehr die Himmelsphotographie systematisch in den Dienst bestimmter astronomischer Aufgaben gestellt und vor allem das Studium des Fixsternhimmels in ganz neue Bahnen gelenkt.

---

[1]) Der Wortlaut rührt von PH. LENARD her.

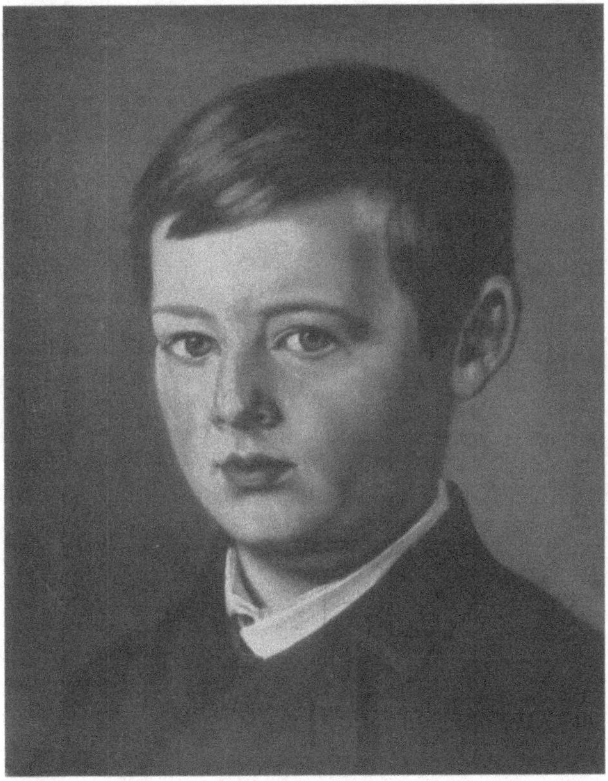

Bild 1. Max Wolf etwa im 14. Lebensjahr. (Ölbild.)

Bild 2. Ph. Lenard und M. Wolf in der Privatsternwarte in der Märzgasse.

Bild 3. Milchstraße im Schwan. Gesamtaufnahme.

Wenn wir davon sprachen, daß das Zentralproblem der Astronomie im 19. Jahrhundert das Problem der Bewegungsvorgänge im Planetensystem war, so ist doch schon im Laufe des 19. Jahrhunderts ein zweites Problem an dessen Seite getreten: die Frage nach dem Aufbau und den Bewegungsvorgängen im Sternsystem. Noch KEPLER hatte der Harmonie des Planetensystems das Chaos der Sternenwelt gegenüber gestellt. Erst WILHELM HERSCHEL hat an der Wende des 18. zum 19. Jahrhundert versucht, dieses Chaos aufzuhellen, und eine Anzahl von Forschern hat sich in der Folgezeit mit den Fragen nach den Gesetzmäßigkeiten des Sternsystems weiter beschäftigt. Über Versuche kommt es allerdings nicht hinaus. Das Beobachtungsmaterial, zu einem großen Teil noch von HERSCHEL am Fernrohr mühsam zusammengetragen, stellt sich immer wieder als unzulänglich heraus.

Da kommt die Himmelsphotographie, die es gestattet, den Himmel im Bild festzuhalten, und da erkennt vor allem MAX WOLF, daß man zur Erforschung des Aufbaus des Kosmos die photographische Optik den besonderen Aufgaben anpassen muß. Bis dahin hatte man in der Astronomie, auch in Verbindung mit der photographischen Platte, den üblichen Fernrohrtypus benutzt, der immer nur einen kleinen Bereich des Himmels zeigt. WOLF stellt das Porträtobjektiv von kurzer Brennweite in den Dienst der astronomischen Forschung, und nun zeigen sich mit einem Mal ganz neue Möglichkeiten; eine neue, ungeahnte Welt erschließt sich dem jungen Forscher.

Die Milchstraße (Bild 3) zeigt sich in einer Vielgestaltigkeit, welche die direkte Beobachtung am Fernrohr nie ahnen ließ; dichte Sternwolken wechseln mit fast völlig sternleeren Gegenden, weit ausgedehnte Nebelmassen ballen sich in einzelnen Teilen des Milchstraßenringes zusammen; diese Milchstraßennebel werden von WOLF vielfach zum erstenmal wahrgenommen, beschrieben und vermessen; auch wird zum erstenmal versucht, die Sterndichte durch Abzählungen auf der photographischen Platte festzulegen. Die Erforschung des räumlichen Aufbaus des Kosmos wird mit einem Schlag auf eine neue Basis gestellt.

Aber die photographische Platte registriert nicht nur die Sterne, sondern alles was sich am Himmel zeigt; Kometen und Sternschnuppen, und vieles andere. Die kleinen Planeten zeichnen ihren Lichtweg auf der Platte ein, und ihre Spur kann vermessen werden. Am 22. Dezember 1891 findet WOLF auf photographischem

Weg den ersten kleinen Planeten, und er eröffnet damit auch eine neue Ära in der Erforschung des Planetensystems. So sind aus der bescheidenen Privatsternwarte in der Märzgasse Leistungen hervorgegangen, die für die Weiterentwicklung der Astronomie von entscheidender Bedeutung geworden sind.

Wir dürfen wohl noch etwas länger bei diesem Haus in der Märzgasse verweilen. Es ist WOLFS Elternhaus und sein Geburtshaus. Am 21. Juni 1863 kam er hier zur Welt. Sein Vater war der praktische Arzt und spätere Medizinalrat Dr. FRANZ WOLF, der bereits 1895 starb. WOLFS Mutter lebte, von ihrem Sohn aufs höchste verehrt, bis 1924, und manchem von Ihnen wird die gütige und hilfsbereite Frau noch in lebendiger Erinnerung sein.

WOLF war von frühester Kindheit an der Astronomie zugetan, und als Schüler (Bild 1) schon war er ein fleißiger Beobachter; er hat das Glück gehabt, daß er sich über seinen Lebensweg nie im Zweifel war. „Etwas anderes als Astronom kann man eigentlich gar nicht werden — sagte er einmal — höchstens noch Physiker.“ Er hat aber auch das große Glück gehabt, daß der Vater ihm von allem Anfang an ein ganz ungewöhnliches Verständnis entgegenbrachte. Als MAX WOLF noch Schüler war, baute der Vater an das Haus eine Terrasse an, die freien Ausblick auf den Himmel gewährte. Zusammen mit dem Studenten errichtete er dann das Observatorium (Bild 4), das heute noch im Garten steht und stellte dort den Refraktor (Bild 5) auf, der in der Folgezeit eine Reihe verschiedener photographischer Kameras trug, das Instrument, mit dem WOLF die bereits geschilderten grundlegenden Arbeiten durchführte.

Geradlinig, aus einer inneren Notwendigkeit heraus entwickelt sich WOLFS Leben als das eines der großen astronomischen Beobachter, dem schon 1884 als erste Frucht mancher langen Beobachtungsnacht die Entdeckung des periodischen Kometen WOLF zufällt, und der schließlich die mustergültigen Einrichtungen der Königstuhl-Sternwarte geschaffen und in unermüdlicher Arbeit auszunutzen verstanden hat.

Eine kleine Welle in die Geradlinigkeit dieses Lebens bringen höchstens die Studienjahre. WOLF hat im wesentlichen hier in Heidelberg studiert; nur 1884/85 hielt er sich der praktischen Astronomie halber in Straßburg bei WINNECKE auf. GEORG QUINCKE, der überaus geschickte Experimentalphysiker, hat großen Einfluß auf ihn gehabt, und vor allem auch LEO KOENIGSBERGER, der Freund und Biograph von HELMHOLTZ, der begeisternde akademische

Bild 4. Die Privatsternwarte in der Märzgasse.

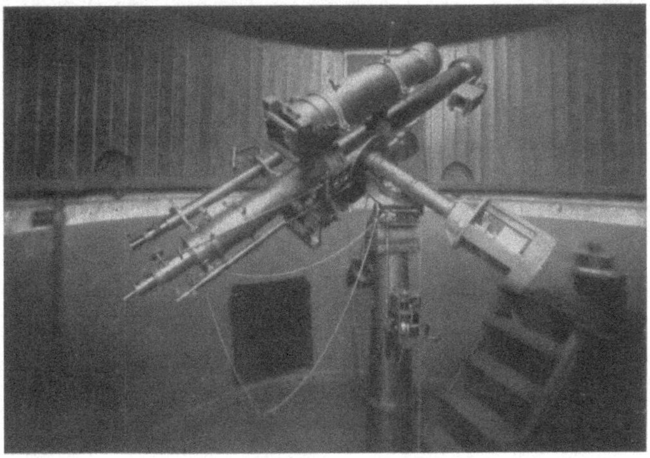

Bild 5. Der Refraktor (Sechszöller) in der Privatsternwarte.

Lehrer, den alle seine Schüler auf das tiefste verehrt haben. Wolf hat bei Koenigsberger im Jahre 1888 mit einer Arbeit über die Differentialgleichung der mittleren Anomalie promoviert und hat sich zwei Jahre später mit einer theoretischen Arbeit habilitiert, die bei Gyldén in Stockholm entstanden war. Aber Wolf ist von der Theorie rasch wieder zur astronomischen Beobachtertätigkeit zurückgekehrt. Gleichzeitig mit der Habilitationsschrift erscheinen die ersten größeren Arbeiten auf dem Gebiet der photographischen Helligkeitsbestimmung der Sterne.

Wolf ist auch in der Folgezeit immer der Beobachtertätigkeit treu geblieben; und als Beobachter war er von einem unerschöpflichen Arbeitsdrang. In einem Nachruf auf seinen Freund E. E. Barnard hat er sich selbst am besten charakterisiert, wie ja Nachrufe meist die besten Selbstbiographien sind. „Es ist eine mächtige Leidenschaft — so schreibt er da — die einen geborenen Beobachter zu seiner Arbeit zieht, und ihre Befriedigung mit den so schwer zu erringenden instrumentellen Hilfsmitteln schafft ihm den höchsten Genuß; gerade so wie dem kritischen oder rechnenden Forscher der Aufbau einer Gesetzmäßigkeit aus der Verarbeitung schwer erworbenen Beobachtungsmaterials.“

Freilich konnten die bescheidenen Mittel der kleinen Privatsternwarte Wolf nicht lange genügen. Was er da geschaffen hatte, waren für ihn Vorarbeiten zu größeren Taten. Ein großes Ziel hatte Max Wolf von Anfang an vor Augen; die Schaffung einer neuen, den modernen Aufgaben der Astronomie gewidmeten Sternwarte.

Die Verhältnisse waren in Heidelberg diesen Plänen im ganzen günstig. In Baden bestand seit längerem die Absicht, die Astronomie durch Errichtung einer neuen Sternwarte stärker zu fördern. Diese Wissenschaft war freilich auch früher schon hier, in der südwestdeutschen Ecke unseres Vaterlandes, nicht vernachlässigt worden. Die Kurfürstliche Sternwarte in Mannheim stand gegen das Ende des 18. Jahrhunderts in großem Ansehen, und Gelehrte aus verschiedenen europäischen Ländern kamen dorthin, um die Einrichtungen kennen zu lernen und um dort zu beobachten. Noch heute sehen Sie auf dem Königstuhl den großen Mauerquadranten der Mannheimer Sternwarte. Auch später noch einmal, unter der Leitung von Eduard Schönfeld (1859—75) kommt das inzwischen Badische Landessternwarte gewordene Mannheimer Observatorium zu einer gewissen Bedeutung. Aber die Einrichtungen waren doch stark veraltet, und es war nur als ein Provisorium anzusehen, als 1880 unter WILHELM VALENTINER diese Sternwarte nach Karlsruhe in den Erbprinzengarten verlegt wurde und in Verbindung mit der Technischen Hochschule trat.

Großherzog Friedrich I. vor allem brachte den Bestrebungen zur Errichtung einer neuen Landes-Sternwarte lebhaftes Interesse entgegen. Er hatte selbst auf der Insel Mainau ein Fernrohr, und WOLF war dort später wiederholt sein Gast. Wir wissen, daß der Großherzog mancherlei Himmelserscheinungen, wie zum Beispiel die Konstellationen der Jupitermonde, beobachtet hat. 1892 schon tauchten die ersten Pläne zur Errichtung einer neuen Landessternwarte in Heidelberg auf, die in Verbindung mit der Universität treten sollte.

Um die Einrichtungen moderner Sternwarten kennen zu lernen, machte WOLF im Jahre 1893 eine Studienreise nach den Vereinigten Staaten, die ihn bis zu dem damals neu errichteten LICK Observatorium auf dem Mount Hamilton (Cal.), der ersten großen Bergsternwarte, führte. Finanzielle Schwierigkeiten standen jedoch der Verwirklichung ähnlicher Pläne im Badischen Lande zunächst entgegen.

Da kam eine unerwartete Hilfe aus Amerika selbst, das MAX WOLF kaum verlassen hatte. Miß KATHERINE WOLFE-BRUCE, der die amerikanische Astronomie eine Reihe größerer Stiftungen verdankt, hatte sich für WOLFS Arbeiten, besonders für die neue Methode der Beobachtung und Entdeckung kleiner Planeten, interessiert. WOLF hatte auf seiner Amerika-Reise zwar Miß BRUCE in New York nicht angetroffen, aber er stand in Briefwechsel mit ihr, und nach seiner Rückkehr wandte er sich an sie mit der Bitte, ihm bei der Beschaffung eines größeren photographischen Refraktors behilflich zu sein. Nach einigen Wochen kam eine Anweisung auf eine ansehnliche Summe, über die WOLF nach freiem Ermessen verfügen sollte. Zur Erinnerung an Miß BRUCE trägt der erste von WOLF gefundene Planet (323) den Namen Brucia. Der zweite übrigens (325) heißt Heidelberga und (353), entdeckt am 16. Januar 1893, RUPERTO-CAROLA.

Mit der Stiftung der Miß BRUCE war der Weg zur Errichtung einer neuen Sternwarte in Heidelberg und zur Verlegung der Bad. Landessternwarte geebnet. Der Bad. Landtag bewilligte 1894 das Projekt, und die Stadt Heidelberg sagte ihre Beihilfe zu. Geplant waren zwei Abteilungen, eine astrometrische, die alte Landessternwarte, unter Wilhelm Valentiner; eine neue astrophysikalische Abteilung unter Max Wolf. Auch die astrometrische Abteilung durfte sich zweier Stiftungen erfreuen; Refraktoren wurden von Ludwig Kahn in Baden-Baden und von Alfred Kressmann in Karlsruhe geschenkt. Aus der Stiftung von Miß Bruce wurde der photographische Doppelrefraktor, der den Namen Bruce-Teleskop trägt, und ein großer Meßapparat beschafft; der Rest der Stiftung blieb späterer Verwendung vorbehalten. Der weitaus größere Teil der Kosten für die neue Sternwarte fiel allerdings dem Badischen Staat zu, die Errichtung der ganzen Anlage, die Beschaffung eines großen, modernen Meridianinstruments und die Bereitstellung der Gehälter für das wissenschaftliche Personal. Die Gründung der Königstuhl-Sternwarte wird immer ein Zeugnis dafür bleiben, in welch hohem Maße das kleine Badische Land für die Pflege der Wissenschaft Sorge trägt.

Für die Universität bedeutete die Errichtung der neuen Sternwarte eine wesentliche Bereicherung. Waren doch die Direktoren der beiden Abteilungen zugleich Dozenten der Ruperto-Carola, ebenso wie die beiden neuen Institute zugleich ihren Lehrzwecken dienten.

Die Sternwarte sollte zuerst auf dem Gaisberg errichtet werden, wo der Platz bereits abgeholzt und die Wasserleitung dahin verlegt war. Da brannte das Portlandzementwerk am Neckarvorland in Heidelberg ab, und es wurde ein Neubau des Zementwerks bei Leimen beschlossen. Um den zu erwartenden Störungen durch Rauchentwicklung auszuweichen, wurde daraufhin als Platz für die Sternwarte der westlich vorgelagerte Gipfel des Königstuhls gewählt, und diese Wahl war sicher nie zu bereuen.

Für Wolf begannen Tage rastloser Arbeit. Er war etwas über 30 Jahre alt, als ihm die schwierige Aufgabe zufiel, ein neues Institut zu bauen. Aber er hatte sein Können bereits erprobt, und er ging aus einer tiefen Leidenschaft heraus an seine Aufgabe. Wenn er, wie wir schon sahen, ein Beobachter war, der sich in der Nachtarbeit am Fernrohr nie genug tun konnte, so war er ebenso unermüdlich, wenn es sich um die Konstruktion und den Bau von Instrumenten handelte. Er hat zahllose Stunden seines Lebens beim Entwerfen und in der Werkstatt zugebracht. So kam ganz nach seinen eigenen Ideen das Astrophysikalische Institut der Königstuhl-Sternwarte zustande, bei der Einweihungsfeier im Jahr 1898 allerdings noch unfertig; aber doch waren Wolfs eigene Instrumente schon nach dem Königstuhl gebracht und dort in Benutzung genommen. Das Bruce-Teleskop wurde erst 1900 aufgestellt, gerade recht zur Versammlung der Astronomischen Gesellschaft, die im August 1863, dem Geburtsjahr WOLFS, in Heidelberg gegründet worden war und die 1900 ihre 18. Tagung hier abhielt.

Der Ausbau der Königstuhl-Sternwarte (Bild 6) war mit der Aufstellung des Bruce-Teleskops noch keineswegs abgeschlossen. Die Arbeitsräume wurden bereits 1902 und dann noch einmal vor einigen Jahren, 1926, erweitert. Eine wesentliche Vermehrung der instrumentellen Einrichtungen erfolgte 1906 durch Aufstellung des Waltz-Reflektors (Bild 7), dessen Bau durch ein hochherziges Vermächtnis der Frau Katharina Bohm geb. Waltz aus Karlsruhe und durch das große Entgegenkommen der Firma Carl Zeiß in Jena ermöglicht wurde.

Bruce-Teleskop und Waltz-Reflektor waren die beiden Werkzeuge, die sich WOLF geschaffen hat, und die nun dazu dienten, die Pläne in die Wirklichkeit umzusetzen, die in der stillen Arbeitsstätte in der Märzgasse herangereift waren. Wir haben diese Pläne bereits kennen gelernt: den Aufbau der Milchstraße und den Aufbau der Welt der Nebel zu ergründen, waren die beiden Hauptprobleme, die sich WOLF gestellt hatte. 1900 setzte die Reihe der Milchstraßenaufnahmen mit dem Bruce-Teleskop ein, die nun die Verteilung der Sterne und Nebel (Bild 8) im einzelnen zu untersuchen gestatten; am Spiegelteleskop, das WOLF bald mit spektroskopischen Einrichtungen versehen hat, gelingt auch durch Aufnahmen von vielen Stunden Belichtung der Nachweis, daß die Milchstraßennebel zum Teil aus leuchtenden Gasen (vor allem Wasserstoff) bestehen.

Eine zweite Gruppe von Aufnahmen WOLFS sind den kleinen außergalaktischen Nebeln, meist Spiralnebeln, gewidmet. Auf diese Körper hatte zuerst WILHELM HERSCHEL durch zahlreiche Neuentdeckungen die allgemeine Aufmerksamkeit der Astronomen gelenkt, aber sie sind dann wieder stark vernachlässigt worden. Die Aufnahmen mit dem Bruce-Teleskop ließen nun erkennen, daß diese Nebel in weit größerer Anzahl vorkommen, als man bisher nur geahnt hatte. Ihre Verteilung ist ohne Zusammenhang mit der Milchstraße; sie zeigen vielmehr gerade an deren nördlichem Pol eine starke Anhäufung, oft sogar nesterartig, und wir wissen heute, daß wir diese Nebel als selbständige Systeme außerhalb unseres Milchstraßensystems aufzufassen haben, die sich zum Teil in Entfernungen von Millionen und hunderten Millionen von Lichtjahren

Franckhsche Verlagsbuchhandlung, Stuttgart-O, Luftbild von H. Sting jr.

Bild 6. Fliegeraufnahme der Königstuhl-Sternwarte über Heidelberg.

Bild 7. Der Waltz-Reflektor auf der Königstuhl-Sternwarte.

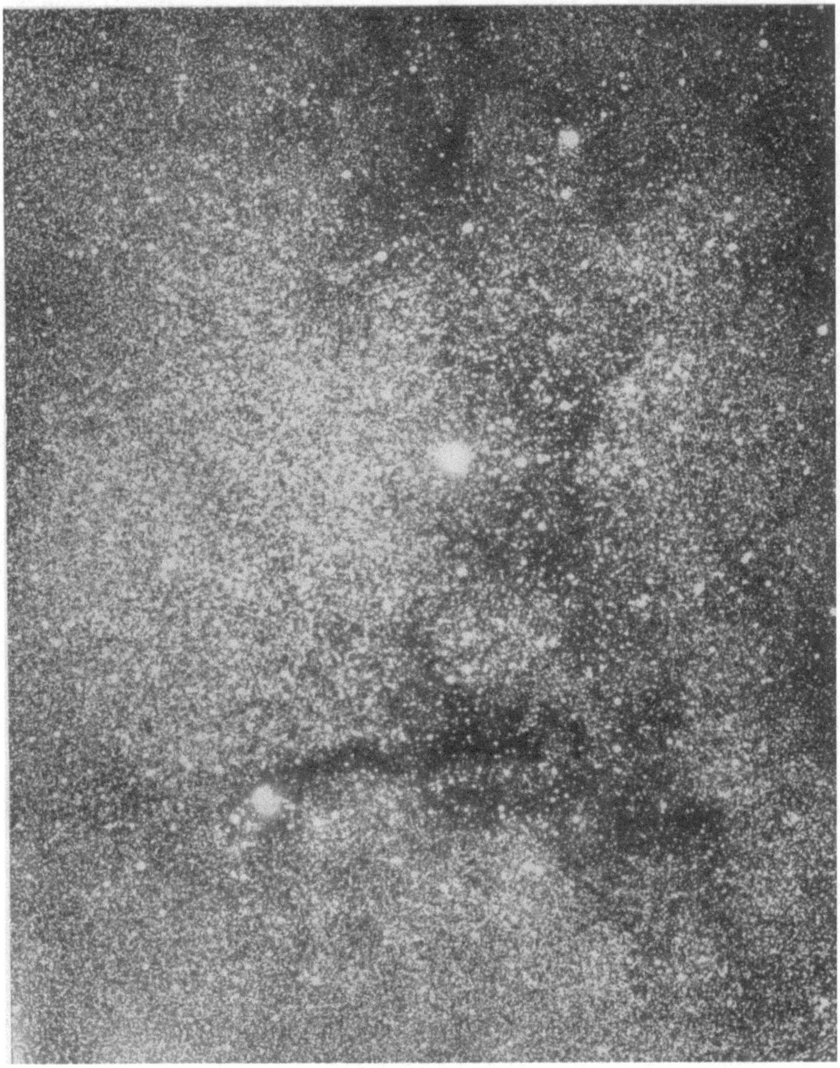

Bild 8. Kokonnebel im Schwan.
(16-Zöller, 4 St. bel.)

Bild 9. Spiralnebel M. 101 im großen Bären.
(Reflektoraufn. 2 St. bel.)

Bild 10. Arbeitszimmer von Max Wolf.

Bild 11. Die Stereokomparatoren in der Königstuhl-Sternwarte.

befinden. Die Arbeiten von MAX WOLF auf diesem Gebiet der kleinen Nebel bedeuten den ersten Schritt zu dem Weltbild des Kosmos, das wir in den letzten zwei Jahrzehnten gewonnen haben. Eine Anzahl dieser Nebel hat WOLF später mit dem Spiegel (Bild 9) eingehender untersucht, und die Spektralaufnahmen zeigen für diese Himmelskörper ein typisches Sternspektrum; wir haben es also in der Tat mit fernen Sternsystemen und nicht, trotz des Namens, mit kosmischen Gasnebeln zu tun.

Auch in den Dienst der kleinen Planeten wurde das Bruce-Teleskop gestellt und gerade dieses Instrument hat die wesentlichsten Beiträge zur Erforschung des Systems der Planetoiden geliefert.

Milchstraße, Spiralnebel, kleine Planeten; ich habe damit nur drei Hauptgebiete aus WOLFS Arbeitsfeld herausgegriffen. Ich könnte weiter und weiter berichten von den veränderlichen Sternen, der Bestimmung der Eigenbewegungen, den Kometen, dem Zodiakallicht, den Sternspektren und von vielem anderen. Auf allen Gebieten der beobachtenden Astronomie verdanken wir WOLF neue und wertvolle Beiträge. Wir stehen immer wieder mit Staunen und Ehrfurcht vor der Lebensarbeit dieses Mannes (Bild 10). Es war, als hätte er den Himmel ausschöpfen wollen. Ungezählte Stunden saß er am Fernrohr, ungezählte Stunden am Meßapparat oder an dem von ihm geschaffenen Stereokomparator (Bild 11), mit dem er die Platten neuen Datums mit den früher erhaltenen verglich, um irgend welche Veränderungen am Himmel festzustellen. Seine Arbeit ist eine Kette von wichtigen Entdeckungen, die das neue Werkzeug der Astronomie, die Himmelsphotographie, ihm darbot. Noch einmal müssen wir den Nachruf zitieren, den WOLF auf BARNARD geschrieben hatte, um WOLF selbst zu charakterisieren: „Er war auch ehrgeizig, aber doch nur gelegentlich. Seine Liebe zur Arbeit und sein unbezähmbarer Trieb nach der Aufdeckung der Rätsel der Natur ließ solches ganz zurücktreten."

Daß WOLF mit seinem Institut auf dem Königstuhl eine meteorologische Station verband, daß er der Beobachtung der Erdbeben besondere Aufmerksamkeit zuwandte, brauche ich hier nur anzudeuten.

Doch über allen diesen wissenschaftlichen Leistungen dürfen wir nicht vergessen, daß WOLF nicht nur der Leiter der Badischen Landessternwarte war; er war zugleich Professor der Universität Heidelberg, und er war stolz darauf es zu sein. 1890, zwei Jahre nach der Promotion hat er, wie bereits gesagt, sich habilitiert. Seine erste Vorlesung galt der Methode der kleinsten Quadrate. 1893 wurde er außerordentlicher Professor mit einem Lehrauftrag für Astronomie und für mathematische und physikalische Geographie. 1896 erhielt er eine etatmäßige außerordentliche Professur. Nach der Ablehnung einer Berufung nach Göttingen im Jahre 1901 wurde er zum ordentlichen Professor der Astrophysik und Geophysik ernannt. 1909 schließlich nach der Emeritierung von Wilhelm Valentiner, und nachdem er noch einmal einen Ruf nach Wien abgelehnt hatte, wurde er ordentlicher Professor der Astronomie. Damit fiel ihm zugleich das Direktorat der gesamten Sternwarte zu.

Soweit die äußeren Daten in Wolfs Dozentenlaufbahn. Wolf hat wie alles, was er tat, die mit dem Lehramt verbundenen Verpflichtungen sehr ernst genommen. Er las meist vor einem größeren Kreis von Mathematikern und Physikern, besonders auch Kandidaten des höheren Lehramtes. Wenn heute an den höheren Schulen Badens die Astronomie besser gepflegt wird als anderswo, so ist dies nicht zum wenigsten Wolfs Verdienst. Viel Zeit und Geduld widmete er den praktischen Anfängerübungen, in denen er die jungen Studenten zu gewissenhaften Beobachtern auszubilden sich bemühte. Zahlreiche Doktorarbeiten sind unter ihm entstanden.

Max Wolf ist mit vollem Recht in die Zahl der großen Forscher und Lehrer der Ruperto-Carola eingegangen. Er hat unserer Wissenschaft unvergeßliche Verdienste erwiesen; seine stille, ganz in sich geschlossene Gelehrtenarbeit hat unserem Vaterland reiche Früchte getragen. Wenn heute die deutsche Wissenschaft in der ganzen Welt in hohem Ansehen steht, so hat Wolf dazu sein reiches Maß beigetragen. Man könnte eine endlose Zahl von Anerkennungen und Auszeichnungen nennen, die ihm vor allem auch vom Ausland zuteil geworden sind; die Astronomen aller Nationen trauern mit uns um den Verlust von Max Wolf.

Und noch von einer anderen Seite her müssen wir die Persönlichkeit von Max Wolf betrachten. Wir Wissenschafter tun immer wieder gut daran, wenn wir uns die Frage vorlegen: welche Stellung nimmt gerade unsere Wissenschaft im Rahmen der Gesamtkultur ein, welchen Beitrag können wir zu einer wirklichen Kultur unserer Zeit liefern. Die Astronomie, die Königin der Wissenschaften, stellt sich diese Frage mit einem gewissen Zagen; war sie doch ursprünglich einmal der Inbegriff von Religion, Wissenschaft und Kultur zugleich. Aber vielleicht nimmt sie auch heute noch eine gewisse Sonderstellung unter den Wissenschaften ein, die es ihr ermöglicht und die sie auch dazu verpflichtet, in stärkerem Maße nach außen zu wirken als andere Wissenschaften. Ihr Gegenstand ist der Kosmos, sind jene fernen Welten, die ihren eigenen Gesetzen gehorchen, die den Menschen lehren, sich bescheiden als kleines Element eines großen Ganzen zu fühlen. Auch die Forschungsmethode ist in der Astronomie so anders als in den übrigen Wissenschaften. Der Forscher muß geduldig harren, was die Natur ihm in den Strahlen des Lichtes entgegenbringt; der Einzelne ist immer nur ein Glied einer großen Kette, die über Generationen hinwegreicht, und er muß sich dienend in diese einreihen, wenn seine Arbeit Bedeutung haben soll. Der Beobachter weiß, daß seine Beobachtung oft nur Wert hat in Verbindung mit anderen, die ein oder zwei Menschenalter nach ihm durchgeführt werden, und der Theoretiker weiß, daß sein Problem nur gelöst werden kann, wenn die Beobachtungsreihen aus einem halben Jahrhundert später vorliegen. Entsagung und Geduld in der wissenschaftlichen Arbeit, auch WOLF hat sie immer und immer geübt in vielen Nachtstunden am Fernrohr.

Vielleicht vermag der Gegenstand unserer Wissenschaft ebenso wie der Weg, den sie gehen muß, zu allen Zeiten und jedem Menschen, welches auch sein Bildungsgrad sei, besondere Werte zum Aufbau einer inneren Kultur zu geben. Man denkt da an einen der Kriegsbriefe gefallener Studenten: „Ich habe, — so heißt es dort —, mit E. oft über religiöse Dinge gesprochen, wir haben oft nachts zusammen zum Sternhimmel emporgeschaut." Und man denkt an einen anderen Brief eines gefallenen Studenten: „Bei jedem Wunsch müssen wir im Auge behalten: Nichts wünschen, was aufs Irdische geht, erst recht nichts, was Geistiges in Irdisches herunterzieht, aber ein Offenbarwerden des Geistigen in der Welt und immer die Menschheitsentwicklung und Eigenentwicklung nur unter diesem Gesichtspunkt im Auge behalten. Das Ziel der Erdenentwicklung aber ist Liebe und Freiheit."

WOLF hat von diesem Reichtum, der in der Astronomie liegt, immer gegeben mit offenen Händen und offenem Herzen, frei von falschem Pathos und falscher Mystik. WOLFS herrliche Himmelsaufnahmen schmücken die populären Astronomiebücher aller Art; gern hat er seine Bilder für Vorträge zur Verfügung gestellt; seine Sternwarte stand für alle offen, die deren Einrichtungen kennen lernen wollten. Bereitwillig hat er immer wieder auf alle Fragen Auskunft erteilt, und er war sich nicht zu gut, wenn es sich darum handelte, einen Volksbildungsverein durch seine Arbeitsstätte zu führen.

So rundet sich uns das Bild von Wolfs Persönlichkeit. Sein Forschertum ruht in seinem Menschentum. Seine Hingabe an die Wissenschaft war ein Teil seiner Hingabe an alles, was wachsen wollte und wachsen sollte. Helfen, fördern, aufbauen im Geist der Liebe war seines Wesens Kern. Daher auch die Liebe, die ihm von allen entgegengetragen wurde. Und wenn wir schon einmal beim Menschen Max Wolf verweilen, so müssen wir noch hervorheben, wie stark er im Volkstum unserer Pfälzer Heimat verwurzelt war. Wolf und seine Königstuhl-Sternwarte gehörten zusammen, aber auch Wolf und Heidelberg. Die Pfälzer Natur, die er von Vater und Mutter ererbt hatte, gab seinem Wesen den besonderen Klang.

Einen tiefen Einschnitt in Wolfs Leben, in das Geschick seiner Sternwarte, wie in alles deutsches Schicksal brachte der Beginn des Weltkrieges. Wenn Wolf vorher gearbeitet hatte, so arbeitete er nun doppelt. Er wollte die fehlenden Arbeitskräfte mit ersetzen. Er wirkte im Krieg und danach unermüdlich für die Erhaltung von Deutschlands Weltgeltung in der Wissenschaft. Er übernahm noch einmal selbst die Beobachtung der kleinen Planeten, die er in den Jahren vorher meist seinen Assistenten überlassen hatte. Er betrachtete es als seine Aufgabe, dieses gewiß nicht unwesentliche Forschungsgebiet, das er der deutschen Wissenschaft geschenkt hatte, ihr auch für die Zukunft zu erhalten.

Nach dem Krieg blieben die Lebensverhältnisse auf dem Königstuhl noch lange Zeit äußerst schwierig. Wolf kämpfte um die Arbeitsmöglichkeiten seines Instituts und er kämpfte zugleich gegen die zunehmende Krankheit seines Körpers.

Mit wachsender Sorge haben die, welche ihm näher standen, dieses Leben weiter verfolgt. Zähe hat er auch weiterhin gearbeitet. Noch einmal griff er auf die Probleme zurück, die ihn von allem Anfang an beschäftigt hatten, und deren Lösung er mit neuen Methoden näher zu kommen suchte. Er beschäftigte sich wieder mit den Milchstraßenwolken und im Zusammenhang damit auch mit der Bestimmung der Helligkeiten und Farben der Sterne. Er konnte vor allem zeigen, daß die dunklen Wolken der Milchstraße sich zum Teil in, kosmisch gesprochen, ganz geringen Entfernungen vom Sonnensystem befinden; sie legen sich wie ein Schleier vor das eigentliche Milchstraßensystem und machen es stellenweise für uns unsichtbar (Bild 12). Kleine Planeten, veränderliche Sterne

Bild 12. Schleiernebel im Schwan.
(Refl., $1^1/_4$ St. bel.)

wurden weiterhin von ihm beobachtet; aber die wissenschaftliche Arbeit und die tägliche Kleinarbeit drohten doch, ihn zu zerreiben.

Mit dem Gefühl der Wehmut schied mancher von uns damals nach der Astronomenversammlung des Jahres 1928 von Heidelberg; die Freunde und Schüler Wolfs in Deutschland und in der ganzen Welt hatten sich noch einmal bei ihm zusammengefunden, aber doch schon mit dem Gefühl, daß es für manchen Tage des Abschieds waren. 1930 wurde Wolf in Budapest noch zum Vorsitzenden der Astronomischen Gesellschaft gewählt, und im Mai 1932 weilte er noch einmal in Berlin bei einer Sitzung des Ausschusses der Deutschen Astronomen, dessen Vorsitzender er war. Aber dann kam rasch die Krankheit zum Durchbruch, die ihn noch lange auf dem Krankenbett festhielt, bis er am 3. Oktober 1932 uns verließ.

Vor fünf Tagen, am 21. Juni, war Wolfs 70. Geburtstag. Vor Jahresfrist noch hatten wir gehofft, diesen Tag mit ihm feiern zu können, und die Schüler und Freunde Wolfs hatten den Wunsch, ihn durch eine Festschrift zu erfreuen. Die Pläne sind vor dem unerbittlichen Tod zerronnen. Aber heute hat sich die Universität Heidelberg, ihre Lehrer und Studenten, noch einmal mit der Familie und den Freunden, mit den Schülern und Mitarbeitern und mit den Bürgern Heidelbergs zu seinem Gedächtnis zusammengefunden.

Was sterblich war an Max Wolf, ist Asche geworden. Was aber lebt, sind die großen Leistungen; neue Erkenntnisse, die in mühevoller Arbeit der Natur abgerungen waren. Was für uns lebt, ist die Erinnerung an einen schlichten, bescheidenen Menschen, immer hilfreich, immer nur von dem einen Trieb beseelt, der deutschen Wissenschaft und damit unserem Volk und unserem Vaterland zu dienen. Er hat ein mönchisches Leben gelebt und gewiß konnte er von sich sagen:

„Ich lebe mein Leben in wachsenden Ringen,
die sich über die Dinge ziehn.
Ich werde den letzten vielleicht nicht vollbringen,
aber versuchen will ich ihn."

*Inschrift des Steines auf dem Friedhof zu Heidelberg:*

MAX WOLF

ASTRONOM

* 21. 6. 63.  † 3. 10. 32.

DIE HIMMEL RÜHMEN DES EWIGEN EHRE DURCH DER GESTIRNE
KRAFTVOLL GEORDNETEN LAUF NACH DES ERHABNEN GESETZ.
MIR DEM FORSCHENDEN ÖFFNETEN SIE IHRE TIEFE, UND SCHAUDERND
SPÜRT ICH DIE GÖTTLICHE HAND, DIE SIE MIT LIEBE ERSCHUF.

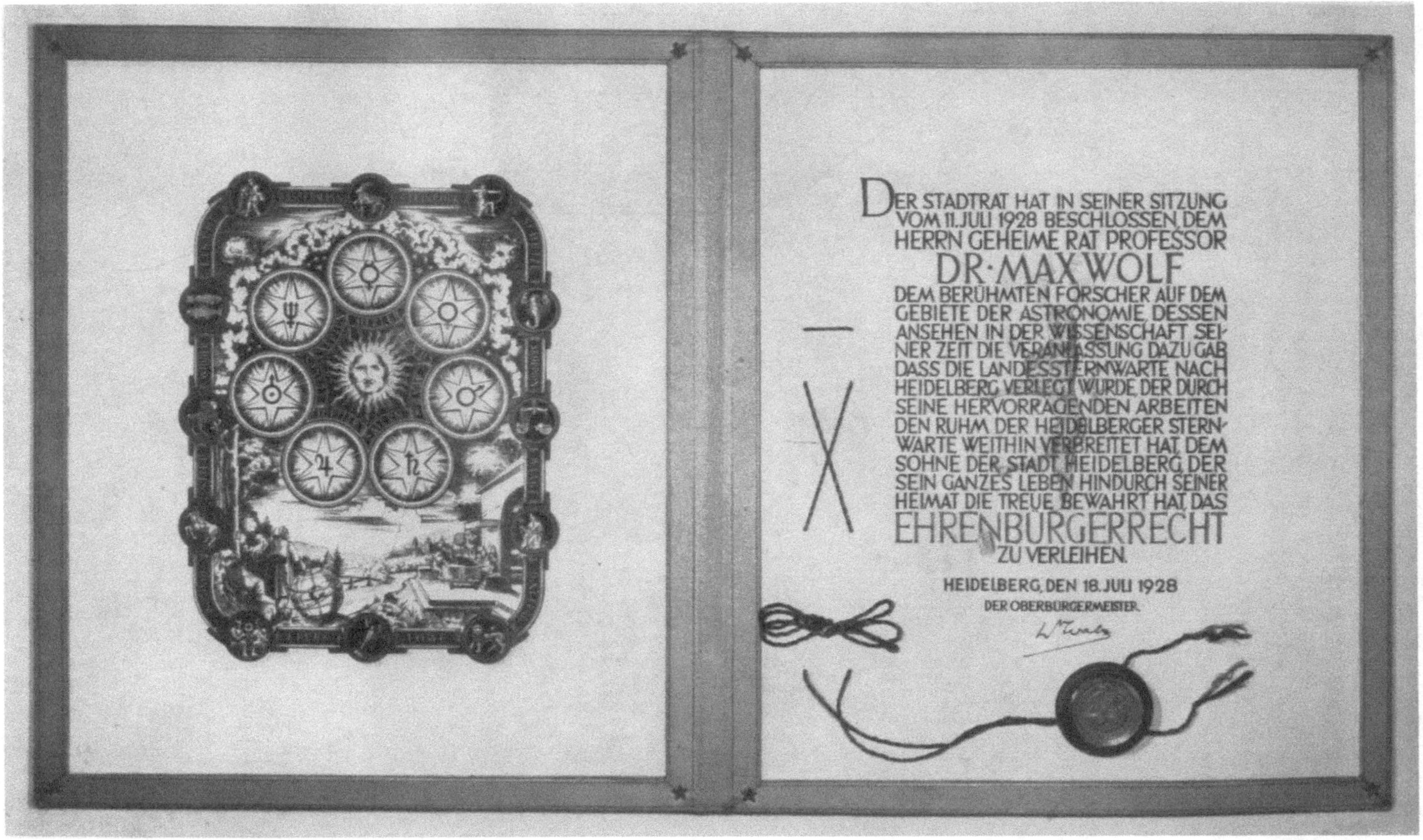
DER STADTRAT HAT IN SEINER SITZUNG
VOM 11. JULI 1928 BESCHLOSSEN DEM
HERRN GEHEIME RAT PROFESSOR
DR·MAX WOLF
DEM BERÜHMTEN FORSCHER AUF DEM
GEBIETE DER ASTRONOMIE, DESSEN
ANSEHEN IN DER WISSENSCHAFT SEI-
NER ZEIT DIE VERANLASSUNG DAZU GAB
DASS DIE LANDESSTERNWARTE NACH
HEIDELBERG VERLEGT WURDE DER DURCH
SEINE HERVORRAGENDEN ARBEITEN
DEN RUHM DER HEIDELBERGER STERN-
WARTE WEITHIN VERBREITET HAT, DEM
SOHNE DER STADT HEIDELBERG DER
SEIN GANZES LEBEN HINDURCH SEINER
HEIMAT DIE TREUE BEWAHRT HAT, DAS
EHRENBÜRGERRECHT
ZU VERLEIHEN.
HEIDELBERG, DEN 18. JULI 1928
DER OBERBÜRGERMEISTER.

## Bibliographie über Max Wolfs Lebenswerk.

Zusammengestellt von M. MÜNDLER.


1884.

Entdeckung eines neuen Kometen (1884 III). AN 109.367.

1885.

Notiz zur Nova Andromedae. AN 112.284.

1886.

Einfache Methode, den Gang eines Uhrwerks zu prüfen. AN 116.117.

1887.

Astrophotographisches Okular. AN 118.79.

1888.

Trennung der Objektivlinsen für photographische Zwecke. AN 119.161.

Zur Bestimmung der Farbenabweichung großer Objektive. AN 120.73.

Die Differentialgleichung der mittleren Anomalie und die Wahrscheinlichkeit der Konvergenz in der Darstellung ihres Integrals. Doktor-Dissertation.

Bestimmung der chromatischen Abweichung achromatischer Objektive. Ann. d. Phys. 33.212.

Über die Farbenzerstreuung im Auge. Ann. d. Phys. 33.548.

Lumineszenz der Pyrogallussäure (mit *Lenard*). Ann. d. Phys. 34.918.

1889.

Phosphoreszenz und Photographie. Eders Jahrb. f. Photogr. 1889, S. 141.

Über den Widerstand von Gasen gegen disruptive Entladung bei höherem Druck. Ann. d. Phys. 37.306.

Zerstäuben der Körper durch ultraviolettes Licht (mit *Lenard*). Ann. d. Phys. 37.443.

1890.

Über das Durchmessergesetz bei photographischen Sternaufnahmen. AN 126.81.

Photographische Messung der Sternhelligkeiten im Sternhaufen G. C. 4410. AN 126.297.

Les termes élémentaires dans l'expression du rayon-vecteur. Habilitationsschrift, Stockholm.

1891.

Über den großen Nebel um $\zeta$ Orionis. AN 127.39.

Über große Nebelmassen im Sternbild des Schwans. AN 127.427.

Entdeckung von 2 Planeten (1. photographisch entdeckter Planet). AN 129.15.

Note on the Nebula surrounding $\zeta$ Orionis discovered by Photography. JBAA 1.252.

Note on a photographed Meteor. JBAA 1.437.

Photographische Versuche. Eders Jahrb. f. Photogr. 1891, S. 287.

Über die Verwendung gewöhnlicher photographischer Objektive bei der Himmelsphotographie. Sirius 24.106.

1892.

Über den neuen Stern in Auriga. AN 129.79; 108.

Notiz über photographierte Meteoriten und Kometen. AN 129.101.

Die Anzahl der Sterne auf einigen photographischen Aufnahmen. AN 129.321.

Photographische Aufnahmen der Nova Aurigae und einiger neuer ausgedehnter Nebelflecke. AN 131.157.

Photographing minor Planets. JBAA 3.19.

Photography of the Radiant-points of Meteor Showers. JBAA 3.21.

Aus der photographischen Praxis. Eders Jahrb. f. Photogr. 1892, S. 257. „

Das Ausbreiten der Sternbildchen auf den photographischen Platten. Photographische Korrespondenz 1892, S. 439.

1893.

Über den veränderlichen Stern U Leonis. AN 132.287.

Die Photographie der Kometen. Eders Jahrb. f. Photogr. 1893, S. 310.

The Change of Sensitiveness in Dry Plates. Astronomy and Astrophysics 12.622.

On the Mounting of large photographic Objectives. Astronomy and Astrophysics 12.624.

Photographic Observations of minor Planets (Vortrag, Chicago). Astronomy and Astrophysics 12.779.

1894.

Über einige neue Nebelflecke. AN 134.365.

Zur Erklärung der Kettenbildung der Sterne. AN 135.11.

Über den neuen Hartwigschen Veränderlichen im Perseus. AN 135.41.

Der Schweif des Kometen 1894 . . . (Gale April 1). AN 135.257.

Wiederauffindung des Enckeschen Kometen. AN 136.351.

Empfindlichkeit einiger Plattenfabrikate. Eders Jahrb. f. Photogr. 1894, S. 298.

1895.

Notiz über die Plejadennebel. AN 137.175.

Die Photographie der Planetoiden. AN 139.97.

Regulierung des Uhrwerks eines photographischen Fernrohrs. Zeitschr. f. Instrumentenk. 15.203.

1896.

Die gegenwärtige Helligkeit der Nova (T) Aurigae. AN 142.373.

Aufforderung zur photographischen Aufnahme veränderlicher Sterne. Mitt. d. VAP. 6.38.

1897.

Reflector and Portrait lens in celestial Photography. Nature 55.582.

1898.

Erforschung der Gestalt unseres Universums. Rede, Heidelberg.

1899.

Auffindung des Tuttleschen Kometen. AN 148.391.

Über die Sonnenfinsternis vom 7. Juni 1899 und deren photographische Aufnahme. AN 150.187.

Zählungen von Perseiden 1899. AN 151.53.

Nachsuchung nach Komet 1892 V (Barnard). AN 151.395.

Über ein Fernrohrobjektiv mit verbesserter Farbenkorrektion. Zeitschr. f. Instrumentenk. 19.1.

1900.

Die Außennebel der Plejaden. München, Abhandlungen der Akademie.

Über die Bestimmung der Lage des Zodiakallichts und den Gegenschein. München, Sitzungsberichte der Akademie.

1901.

Über merkwürdige Erscheinungen am Planeten 345 Tercidina. AN 155.123.

Ein merkwürdiger Haufen von Nebelflecken. AN 155.127.

Über die Helligkeitsänderungen des Planeten 345 Tercidina. AN 156.87.

Photographische Bilder der Nova (3. 1901) Persei. AN 156.253.

Die Verwendung des Stereokomparators in der Astronomie. AN 157.81.

Die Nebel um die Nova (3. 1901) Persei. AN 157.143.

Über die Nebel der Nova Persei (Ch. 1226). AN 157.161.

Die Entdeckung und Katalogisierung von kleineren Nebelflecken durch die Photographie. München, Sitzungsberichte der Akademie.

1902.

Über den Nebel um die Nova Persei. AN 158.175.

Die Lage des Observatoriums. Publ. d. Aph. Obs. Königstuhl 1.

Die Lage der früheren Heidelberger Sternwarte. Publ. d. Aph. Obs. Königstuhl 1.

Der parallaktische Meßapparat. Publ. d. Aph. Obs. Königstuhl 1.

Verzeichnis von 154 Nebelflecken in Cancer und Lynx (Königstuhl-Nebelliste Nr. 1). Publ. d. Aph. Obs. Königstuhl 1.

Die Nebelflecken am Pol der Milchstraße (Königstuhl-Nebelliste Nr. 3). Publ. d. Aph. Obs. Königstuhl 1.

The „Triple-Cave“ in Aquila. Knowledge 25.203.

Stereoscopic pictures of comet Perrine. Monthly Notices 63.35.

The „America-Nebula“ in Cygnus. Knowledge 25.156.

1903.

Über eine nebelreiche Gegend in Lynx. AN 161.127.

Über eine Eigenschaft der großen Nebel. AN 161.129.

Die veränderlichen Sterne des Orionnebels. AN 163.161.

Absorption des Sternlichts durch den Kometen 1903 c. AN 164.17.

Verzeichnis von in den Jahren 1891—1902 aufgenommenen Gegenden des Himmels. Publ. d Aph. Inst. Königstuhl 2.

The surroundings of the „America“-Nebula. Knowledge 26.155.

Die Photographie des Sternhimmels. Vortrag.
On three of Sir William Herschels observed nebulous regions in Orion. Monthly Notices 63.303.
The place of Nova Geminorum. Monthly Notices 63.330.
The great Nebula in Auriga. Monthly Notices 63.506.

1904.

Über die Absorption des Sternlichts durch den Kometen 1903 IV (1903 c). AN 164.379.
Über Helligkeitsschätzungen auf photographischen Platten. AN 165.201.
Königstuhl-Nebelliste 4 (17 Comae). Publ. d. Aph. Inst. Königstuhl 2.
Königstuhl-Nebelliste 5 (12 Canum). Publ. d. Aph. Inst. Königstuhl 2.
The Nebulosities round $\gamma$ Cygni. Knowledge, New Ser. 1.10.
Die helle Wolke in der Milchstraße im Scutum. Weltall 4.441.
On the use of the Stereocomparator for plates, on which a Réseau has been impressed. Monthly Notices 64.112.
A remarkable nebula in Cygnus connected with starless regions. Monthly Notices 64.838.

1905

Über einen farbigen Stern. AN 167.167.
Ein schöner Spiralnebel. AN 168.75.
Variabilis 59.1905 Lyrae. AN 168.77.
Var. oder Nova 116.1905 Arietis. AN 169.415.
Helligkeit der Nova Persei und der sie umgebenden Sterne. AN 170.179.
Über einen Nebelfleckhaufen im Perseus. AN 170.211.
Königstuhl-Nebelliste 6 (35 Comae). Publ. d. Aph. Inst. Königstuhl 2.
Wie oft kann man über die Rheinebene hinwegsehen? Meteorol. Zschr. 22.169.
Der große Nebel bei $\xi$ Persei. Weltall 5.212.
The great Nebula of $\psi$ Eridani. Monthly Notices 65.528.

1906.

Ausgedehnte Nebelflecken. AN 171.27.
Über den Nebelfleck um BD — 10°1848. AN 171.169.
Stereoskopische Bestimmung der relativen Eigenbewegung von Fixsternen. AN 171.321.
Auffindung des Holmesschen Kometen. AN 172.223.
Extended Nebula near 26 Ceti. Monthly Notices 67.91.
Stereoskopbilder vom Sternhimmel, I. Serie. Leipzig, Joh. Ambr. Barth.

1907.

Aufnahme des VI. und VII. Jupitermonds und eine neue Methode der Vermessung von Reflektorplatten. AN 174.1.
Über die Aufnahme des VII. Jupitermondes. AN 174.361.
Notiz, betr. Barnard „an unexplained Observation" in AN 4106 und 4148. AN 174.217.
Ein Nebelfleckhaufen und Nebelreichtum in Sagittarius. AN 176.109.
Die Milchstraße. Vortrag, Dresden.
Königstuhl-Nebelliste 7 ($\iota$ Leonis). Publ. d. Aph. Inst. Königstuhl 3.
The Nebula H IV 74 Cephei. Monthly Notices 68.30.

1908.

Auffindung des Kometen 1908 a. AN 177.31.

Über die Lichterscheinungen am Nachthimmel aus dem Anfang des Juli. AN 178.297.

Das Spektrum des Milchstraßennebels H V 15 Cygni. AN 178.379.

Über den Schweif des Kometen 1908 c (Morehouse). AN 180.1.

Königstuhl-Nebelliste 8 (+ 33°2174 Ursae). Publ. d. Aph. Inst. Königstuhl 3.

Die Klassifizierung der kleinen Nebelflecken. Publ. d. Aph. Inst. Königstuhl 3.

Photographien und Zeichnungen des Kometen 1907 d (Daniel). München, Abhandlungen der Akademie.

Sternaufnahmen bei Mondschein. Eders Jahrb. f. Photogr. 1908, S. 17.

Photographs of comet d 1907 (Daniel). Monthly Notices 68.180.

Lengths of axes and position angles of 52 oval Nebulae. Monthly Notices 68.626.

A new „Cave Nebula" in Cepheus. Monthly Notices 69.117.

Spektrum des Ringnebels in der Leyer. VJS 43.283.

Spektren von Gasnebeln. VJS 43.284.

1909.

Über einige Nebelspektren. AN 180.151.

Auffindung des Halleyschen Kometen. AN 182.179.

Über einen Nebelhaufen in Cetus. AN 182.131.

Königstuhl-Nebelliste 9 (43 Comae). Publ. d. Aph. Inst. Königstuhl 3.

Königstuhl-Nebelliste 10 ($\varepsilon$ Piscium). Veröff. d. Sternw. Königstuhl 6.

Königstuhl-Nebelliste 11 ($\alpha$ Ceti). Veröff. d. Sternw. Königstuhl 6.

1910.

Verschiedene Mitteilungen über den Halleyschen Kometen. AN 184, 185.

Belichtung und photographierte Größenklasse. AN 185.227.

Die nördliche Fortsetzung des Orionnebels. Heidelberg, Sitzungsberichte der Akademie.

Das Spektrum des Halleyschen Kometen vor seiner oberen Konjunktion. Heidelberg, Sitzungsberichte der Akademie.

Zur Ortsbestimmung im Luftschiff. Heidelberg, Sitzungsberichte der Akademie.

Das Spektrum des Amerika-Nebels. Heidelberg, Sitzungsberichte der Akademie.

1911.

Das Spektrum der Nova Lacertae. AN 187.133.

Wiederauffindung des Wolfschen Kometen. AN 188.315.

Die Entfernung der Spiralnebel. AN 190.229.

Das Spektrum des Kometen 1911 c (Brooks). Heidelberg, Sitzungsberichte der Akademie.

Geschichtete Linienemission im Ringnebel. Heidelberg, Sitzungsberichte der Akademie.

Die Hauptlinien im Spektrum des Kometen 1911 c (Brooks). Heidelberg, Sitzungsberichte der Akademie.

Die Spektra zweier planetarischer Nebel. Heidelberg, Sitzungsberichte der Akademie.

Die Entfernung der Sterne (Vortrag). Heidelberg, Sitzungsberichte der Akademie.

Königstuhl-Nebelliste 12 ($\chi$ Ursae). Veröff. d. Sternw. Königstuhl 6.

Pegelstand und Temperatur des Grundwassers auf dem Königstuhl. Veröff. d. Sternw. Königstuhl 6.

Der Gang der Hauptuhren der Sternwarte (mit *Ernst*). Veröff. d. Sternw. Königstuhl 6.

1912.

Das Spektrum des Andromedanebels. Heidelberg, Sitzungsberichte der Akademie.

Das Spektrum der Nova Geminorum 2.1912. Heidelberg, Sitzungsberichte der Akademie.

Über die Spektren einiger Spiralnebel. Heidelberg, Sitzungsberichte der Akademie.

Königstuhl-Nebelliste 13 (86 Pegasi). Veröff. d. Sternw. Königstuhl 6.

Der Einfluß kosmischer Probleme auf die Entwicklung der Spektralanalyse (Vortrag). Zschr. f. Elektrochemie 18.457.

1913.

Die Nova Geminorum 2 im Frühjahr 1913. Heidelberg, Sitzungsberichte der Akademie.

Die Spektra von 4 Wolf-Rayetsternen Heidelberg, Sitzungsberichte der Akademie.

Über zwei Wolf-Rayetsterne. Heidelberg, Sitzungsberichte der Akademie.

Königstuhl-Nebelliste 14 (M 33) (mit *Ernst*). Veröff. d. Sternw. Königstuhl 6.

Positionsbestimmungen von 124 Nebelflecken im Perseusnebelhaufen (mit *Kaiser*). Veröff. d. Sternw. Königstuhl 6.

1914.

Die geschichtete Linienemission. AN 199.319.

Nachruf auf Adam Massinger. AN 199.335.

1915.

Über die Spektren der Wolf-Rayetsterne. AN 201.463.

Der Ringnebel und der Dumbbellnebel. Heidelberg, Sitzungsberichte der Akademie.

Über die Spektren der Wolf-Rayetsterne. Heidelberg, Sitzungsberichte der Akademie.

Stereoskopbilder vom Sternhimmel, II. Serie. Leipzig, Joh. Ambr. Barth.

1916.

Entdeckung eines Kometen 1916 b. AN 202.303.

Ein Nebelhaufen im Cetus. AN 202.147.

Aufnahme des Enckeschen Kometen nahe seinem Aphel. AN 203.219.

Geschichtete Emission im Nebelfleck H IV 39 Argus. Heidelberg, Sitzungsberichte der Akademie.

Königstuhl-Nebelliste 15 (21 Leo minor.). Veröff. d. Sternw. Königstuhl 7.

Auffindung und Messung von Eigenbewegungen durch Stereo-Effekt. VJS 51.113.

Über die höchsten Dämmerungswolken. Meteorol. Zschr. 33.517.

1917.

Über das Spektrum der Höhlennebel. AN 204.41

1918

Entdeckung der Nova Monocerotis 1918. AN 206.57.
Das Spektrum der Nova Monocerotis 1918. AN 206.141.
Nachruf auf Max Pauly. AN 207.219.
Über die Bestimmung genäherter photographischer Positionen AN 208.275.
Vom Neuen Stern im NGC 6946. Sirius 51.2.

1919.

Über 2 Höhlennebel in Cepheus und einige andere Nebel dieser Gegend. AN 209.303.
Katalog von 1053 stärker bewegten Sternen. Veröff. d. Sternw. Königstuhl 7.

1920.

Entdeckung der Nova Cancri 1920. AN 210.373.
Variabilis oder Nova 7.1920 Aquilae. AN 211.119.
Zur Erklärung des Einsteineffekts auf den Finsternisbildern. AN 212.181.
Versuche mit dem Objektivgitter. AN 213.49.
Geleitwort zu: Goos, die Milchstraße. Hamburg, H. Grand.

1921.

---

1922.

Hell leuchtende Bänder am Nachthimmel. AN 215.353.
Bemerkungen zur Stereomessung von Eigenbewegungen. AN 218.73.

1923.

Nachruf auf Barnard. AN 218.241.
Über den dunkeln Nebel NGC 6960. AN 219.109.
Variabilis oder Nova 29.1923 Vulpeculae. AN 220.255.
Die hellen Streifen am Nachthimmel. AN 220.383.
Från Fixstjärnornas Värld (Vortrag Stockholm). Populär astronomisk Tidskrift 1923, S. 85.

1924.

Veränderliche im Höhlennebel NGC 2264. AN 221.379.
Die Sternleeren beim Amerika-Nebel. AN 223.89.
Entdeckung des Kometen 1924 d. BZ 7.1.
Die Sternleeren bei S Monocerotis. Seeliger-Festschrift, S. 312.
Milchstraße in Cygnus, Cepheus und Cassiopeia. Weltall 24.4.

1925.

Variabler oder Nova 9.1925 Aquilae. AN 225.335.
Variabilis (? Nova) 94.1925 Virginis. AN 226.75.
Die Milchstraße und die kosmischen Nebel. Die Sterne (Atlas).
Milchstraße in Taurus und Auriga. Sirius 58.146.

1926.

Die Sternleeren bei M 11 Scuti. AN 229.1.

Die Sternzahl am galaktischen Pol. AN 229.3.
Entdeckung der Nova 10.1926 Virginis. BZ 8.41.
Wiederauffindung des Kopffschen Kometen. BZ 8.50.
Die Sternleeren bei M 11 Scuti. Veröff. d Sternw. Königstuhl 8.
Die sternreichste und die sternärmste Gegend des Nordhimmels. VJS 61.263.

1927.

Entdeckung der Nova 60.1927 Aquilae. AN 230.421.
Das Spektrum der Nova 60.1927 Aquilae. AN 230.435.
Über einen Nebelfleck in Gemini. AN 231.229.
Walter Villiger. Die Sterne 7.190.

1928.

Königstuhl-Nebelliste 16 (700 Nebelflecken beim galaktischen Pol). Veröff. d. Sternw. Königstuhl 8.
Barnards Milchstraßen-Atlas. Die Sterne 8.119.

1929.

Die fliegenden Schatten. Himmelswelt 39.193.

1930.

Mitteilung über einen jenseits der Neptunbahn kreisenden Planeten. AN 238.163.
Die Planeten „Kepler" und „Ratisbona". Kepler-Festschrift, Regensburg.
Bericht über die Fortsetzung der Wolf-Palisa-Sternkarten. VJS 65.239
Dämmerungsstörungen. Das Wetter 47.31.

1931.

Ein verkannter Eigenbewegungsstern. AN 243.407.
Die Astronomie in den 50er Jahren. Heidelberg, Nat.-hist. mediz. Verein.

1932.

Zu Emdens 70. Geburtstag (mit *Sommerfeld*). Naturwissenschaften 20.161.

Außerdem in großer Anzahl:

Wiederauffindungen, Neuentdeckungen und Positionsbestimmungen von kleinen Planeten.
Entdeckungen von Veränderlichen und Aufsuchungskärtchen dazu.
Auffindungen von Eigenbewegungssternen.
Mitteilungen über meteorologische Beobachtungen.

Ferner:

Herausgabe von 210 Stück „Wolf-Palisa-Karten" (zuletzt mit *Rheden*). 1908 bis 1931.
Jahresberichte der Privat-Sternwarte Heidelberg 1890—1895 in der Vierteljahrsschrift der Astronomischen Gesellschaft.
Jahresberichte der Königstuhl-Sternwarte Heidelberg 1898—1931 in der Vierteljahrsschrift der Astronomischen Gesellschaft.

10. Merz, K. W. Über den Wirkungsantagonismus von Blutkörperchen und Serum bei chemisch faßbaren biologischen Vorgängen. Reichsmark 1.20
11. Mühlbach, R. Über Raumkurven in der Möbiusschen Geometrie. Rm. 1.20
12. Ernst, Paul. Wurzeln der Medizin. Reichsmark 1.50
13. Mayer, Adolf. Naturwissenschaftliche Apologetik des Christentums. Rm.1.60
14. Baer, Reinhold. Beiträge zur Galoisschen Theorie. Reichsmark 1.80
15. Salomon, Wilhelm. Neue geologische Beobachtungen im Baitonegebiet des Adamello. Reichsmark 0.90
16. Erdmannsdörffer, O. H. Über Disthen-Andalusitparagenesen. Rm. 1.20
17. Schneidt, Max. Kurvennetze ohne Umwege. Reichsmark 1.30
18. Bopp, K. J. H. Lamberts und A. G. Kaestners Briefe, aus den Gothaer Manuskripten herausgegeben. Reichsmark 2.20
19. Freudenberg, K. Zur Kenntnis des Fichtenholz-Lignins. Reichsmark 1.10

**Jahrgang 1929.** 1. Volk, Otto. Über Flächen mit geodätischen Dreiecksnetzen. Reichsmark 2.50
2. Schmidt, F. K., Krull, W., Breuer, S. Beiträge zur Algebra. Nr. 11—13. Reichsmark 1.80
3. Hieber, W. Zur Kenntnis der chemischen Reaktionen des Eisencarbonyls. Reichsmark 0.90
4. Salomon, Wilhelm. Gletscherbeobachtungen am Vadret Lischanna (Unterengadin). Reichsmark 1.—
5. Salomon, Wilhelm. Arktische Bodenformen in den Alpen. Reichsm. 2.50
6. Müller, Max. Über die Greensche Funktion des Laplaceschen Differentialausdruckes. Reichsmark 1.50
7. Rüger, L. Machairodus latidens Owen aus den altdiluvialen Sanden von Mauer a. d. Elsenz. Reichsmark 0.90
8. Lenard, P. Über Energie und Gravitation. Reichsmark 1.90
9. Deecke, W. Zur Entstehung der Kare. Reichsmark 0.80
10. Roeser, E. Neue Sätze über sphärische und hyperbolische Fünfecke. Reichsmark 1.—
11. Baldus, R. Über Eulers Dreieckssatz in der absoluten Geometrie. Rm. 1.—
12. Trautz, M. Die Reibung, Wärmeleitung und Diffusion in Gasmischungen. II. Reichsmark 2.80
13. Sander, B., u. Felkel, E. Zur tektonischen Analyse von Schmelztektoniten. Reichsmark 2.50
14. Scholz, Arnold. Beiträge zur Algebra. Nr. 14. Reichsmark 1.20
15. Baer, Reinhold. Beziehungen zwischen den Grundbegriffen der Topologie. Reichsmark 1.60
16. Herbst, Curt. Untersuchungen zur Bestimmung des Geschlechts. Weitere Experimente über die Vermännlichung indifferenter Bonellia-Larven durch künstliche Mittel. Reichsmark 3.—
17. Erdmannsdörffer, O. H. Über Alkalihornblenden aus dem Radautal. Reichsmark 0.80
18. Gruber, Friedrich. Neuer Beweis des Transversalensatzes in der absoluten Geometrie. Reichsmark 0.80
19. Rosenthal, A. Über die Existenz der Lösungen von Systemen gewöhnlicher Differentialgleichungen. Reichsmark 1.20

**Jahrgang 1930.** 1. Gottfried, C. Über kontaktmetamorphe Gesteine des Baitonegebietes in der Adamellogruppe (Italien). Reichsmark 1.—
2. Rüger, L. Über einen Granulit mit „Sekundärschieferung“ von Auerswalde i. S. Reichsmark 1.50
3. Beiträge zur Algebra Nr. 15—17: a) Kapferer, Heinr. Über Schnittpunktsysteme mit vorgeschriebenen Multiplizitätszahlen. b) Kapferer, Heinr. Eine idealtheoretische Lösung des Cramerschen Paradoxons, die jeden singularen Fall umfaßt. c) Scholz, Arnold. Über das Verhältnis von Idealklassen und Einheitengruppen in Abelschen Körpern von Primzahlpotenzgrad. Reichsmark 3.20
4. Kinzl, Hans. Flußgeschichtliche und geomorphologische Untersuchungen über die Feldaistsenke im oberösterreichischen Mühlviertel und die angrenzenden Teile Südböhmens. Reichsmark 3.20
5. Baldus, Richard. Zur Axiomatik der Geometrie III. Über das Archimedische und das Cantorsche Axiom. Reichsmark 0.80
6. Salomon-Calvi, Wilhelm. Epeirophorese. Teil I. Reichsmark 1.40

7. WELLSTEIN, JULIUS. Zur Klassifikation der regulären Scharen quadratischer Formen. Reichsmark 1.—
8. BETTMANN. Über Modellierungen des Gefäßendabschnittes. Reichsmark 2. —
9. ROESER, ERNST. Sphärische und hyperbolische Vielecke. Reichsmark 1.65
10. KAUFMANN, BORIS. Über die Ränderzuordnung bei topologischen Abbildungen in der Ebene und im Raume. Reichsmark 1.65
11. SCHEFFEN, WALTHER. Pseudopemphix Fritschii Wüst, Lithogaster tiefenbachensis Assm. und Pemphix Sueurii Desm. Reichsmark 3.20
12. VOELCKER, ILSE. Felis issiodorensis Croizet von Mauer a. d. E. Rm. 1.40
13. SALOMON-CALVI, WILHELM. Epeirophorese. Teil II. Geodätische Beweise. Reichsmark 1.—
14. FREUDENBERG, KARL. Kritik an der Berechnung des optischen Drehungsvermögens von Zuckern. Reichsmark 1.—
15. JÄNECKE, ERNST. Über das reguläre vierdimensionale Fünfzell. Rm. 3.—
16. BOEHM, KARL. Über lineare Differentialgleichungen mit konstanten Koeffizienten und einer Störungsfunktion. Reichsmark 1.80
17. KAMKE, E. Über die eindeutige Bestimmtheit der Integrale von Differentialgleichungen II. Reichsmark 1.70

**Jahrgang 1931.** 1. PFANNENSTIEHL, MAX. Die Fauna der Kirchberger Schichten von Lohn am Randen. Reichsmark 2.75
2. SALOMON-CALVI, WILH. Radium-reiche Erdölsolen und das Problem der Herkunft ihres Radiums. Reichsmark 2.—
3. VOELCKER, J. Hippopotamus amphibius von Mauer a. d. Elsenz. Rm. 1.60
4. ERDMANNSDÖRFFER, O. H. Über Zoisitoligoklaspegmatit und seine Beziehung zu anorthositischen Magmen. Reichsmark 1.85
5. SCHMIDT, ARNOLD. Die Stetigkeit in der absoluten Geometrie. Reichsmark 1.80
6. KAUFMANN, BORIS. Parameterkurven ohne Halbtangenten. Reichsmark 1.90
7. HELLPACH, WILLY. Dritte Mitteilung zur Statik und Dynamik der deutschen Stammesphysiognomie. Reichsmark 2.20
8. SALOMON-CALVI, WILH. Epeirophorese. Teil III. Die vordiluvialen Eiszeiten. A. Die Eiszeiten des Tertiärs und Mesozoikums. Reichsmark 3.—
9. FREUDENBERG, KARL. Bemerkungen zur Stereochemie. Mit einem Anhang: Synthesen von Derivaten aktiver Aminosäuren. Reichsmark 2.20
10. MEHMKE, R., Über ein Gegenstück zum Eulerschen Satz vom ebenen Dreieck und zu dessen Verwandten im Raum und in höheren Räumen in der hyperbolischen Geometrie. Reichsmark 1.65
11. WEILER, W. Revision der Fischfauna des Septarientones von Wiesloch bei Heidelberg. Reichsmark 2.20

**Jahrgang 1932.** 1. SÖLCH, JOHANN. Der Rückzug der letzten Vergletscherung. Eine vergleichende Betrachtung. Reichsmark 2.50
2. Beiträge zur Algebra Nr. 18—19. Vorgelegt von ALFRED LOEWY: a) BAER, R. und LEVI, F. Vollständige irreduzibele Systeme von Gruppenaxiomen. b) KRULL, WOLFGANG. Matrizen, Moduln und verallgemeinerte Abelsche Gruppen im Bereich der ganzen algebraischen Zahlen. Reichsmark 4.—
3. ROESER, ERNST. Über die nichteuklidischen regulären Polyeder. Reichsmark 2.—
4. CESAREC, R. Über die Berechnung von Orthogonen der hyperbolischen Ebene. Reichsmark 2.20
5. HEFFTER, LOTHAR. Notwendige und hinreichende Bedingungen für den Cauchy'schen Integralsatz ohne Benutzung von Differentialquotienten. Reichsmark 1.50
6. JÄNECKE, ERNST. Etwas über die Schrumpfung der Erde. Reichsmark 1.50
7. SALOMON-CALVI, WILHELM, Vorläufiger Bericht über eine geologische Reise nach Korsika. Reichsmark 2.50
8. JÄNECKE, ERNST. Ist das Erdinnere fest? Reichsmark 1.80

**Jahrgang 1933.** 1. SALOMON-CALVI, WILHEM. Epeirophorese Teil III. Die vordiluvialen Eiszeiten B. Die Eiszeiten des Karbons und Perms. Reichsmark 1.20
2. Acht Arbeiten ALFRED LOEWY in Freiburg i. Br. zum 60. Geburtstag am 20. Juni 1933 gewidmet. Reichsmark 4.50
3. ERDMANNSDÖRFFER, O. H. Über den Buchonit von Poppenhausen in der Rhön. Reichsmark 1.70
4. MAX WOLF. 1863—1932. Ein Gedenkblatt. Reichsmark 4.—

WALTER DE GRUYTER & CO., BERLIN W 10 UND LEIPZIG

FSC
www.fsc.org
MIX
Papier | Fördert
gute Waldnutzung
FSC® C083411

Kolibri 360 GmbH
Ferdinand-Jühlke-Straße 7
99095 Erfurt, Deutschland
produktsicherheit@kolibri360.de